MÁQUINAS GRANDES PARA EL CAMPO

De Tracy Nelson Maurer
Traducción de Pablo de la Vega

Un libro de El Semillero de Crabtree

ÍNDICE

CRABTREE
Publishing Company
www.crabtreebooks.com

093
CASE
310

Máquinas grandes para el campo

La máquinas grandes para el campo, como las que se usan en las **granjas**, hacen mucho ruido.

Un tractor avanza por el campo.

Las ruedas del tractor se arrastran sobre el lodo.

El motor del tractor ruge mientras trabaja.

Una segadora corta el trigo. ¡Ces, ces!

Las trilladoras zumban a lo largo del sembradío.

Una cosechadora ruge a través de los **cultivos** de grano.

Una rociadora sisea mientras rocía los cultivos.

Las máquinas se unen. ¡Clonc, clonc!

JOHN DEERE
CCS Seed Delivery

La cosecha es descargada en un camión. ¡Zuum!

Los camiones de carga retumban llevando la cosecha.

Glosario

cultivos: Los cultivos son plantas, como el trigo o las papas, que usualmente son sembradas en grandes cantidades.

granjas: Una granja es un lugar donde se cultivan plantas o se crían animales.

motor: Un motor utiliza combustible para producir la fuerza necesaria para que una máquina se mueva.

trilladoras: Las trilladoras son máquinas que cortan y recolectan cultivos.

Índice analítico

Apoyos de la escuela a los hogares para cuidadores y maestros

Este libro ayuda a los niños en su desarrollo al permitirles practicar la lectura. Abajo están algunas preguntas guía para ayudar al lector a fortalecer sus habilidades de comprensión. En rojo hay algunas opciones de respuesta.

Antes de leer:

- **¿De qué pienso que tratará este libro?** *Pienso que este libro es sobre grandes máquinas para el campo. Pienso que este libro es sobre tractores.*
- **¿Qué quiero aprender sobre este tema?** *Quiero aprender a manejar un tractor. Quiero aprender cuál es la máquina para el campo más importante.*

Durante la lectura:

- **Me pregunto por qué...** *Me pregunto por qué las máquinas para el campo hacen mucho ruido. Me pregunto por qué las rociadoras rocían los cultivos.*
- **¿Qué he aprendido hasta ahora?** *Aprendí que puedes enganchar dos máquinas. Aprendí que los campesinos colocan la cosecha en camiones.*

Después de leer:

- **¿Qué detalles aprendí de este tema?** *Aprendí que las máquinas grandes para el campo pueden avanzar sobre el lodo. Aprendí que las trilladoras atraviesan el sembradío de un lado a otro.*
- **Lee el libro de nuevo y busca las palabras del vocabulario.** *Veo la palabra **trilladoras** en la página 12 y la palabra **cultivos** en la página 15. Las demás palabras del vocabulario están en la página 23.*

Library and Archives Canada Cataloguing in Publication
Title: Máquinas grandes para el campo / de Tracy Nelson Maurer ; traducción de Pablo de la Vega.
Other titles: Big farm machines. Spanish
Names: Maurer, Tracy Nelson, 1965- author. | Vega, Pablo de la, translator.
Description: Series statement: Máquinas grandes | Translation of: Big farm machines. | Includes index. | "Un libro de el semillero de Crabtree". | Text in Spanish.
Identifiers: Canadiana (print) 20210234717 | Canadiana (ebook) 20210234725 | ISBN 9781039617964 (hardcover) | ISBN 9781039618008 (softcover) | ISBN 9781039618046 (HTML) | ISBN 9781039618084 (EPUB) | ISBN 9781039618121 (read-along ebook)
Subjects: LCSH: Agricultural machinery—Juvenile literature.
Classification: LCC S675.25 .M3818 2022 | DDC j631.3/7—dc23

Library of Congress Cataloging-in-Publication Data
Names: Maurer, Tracy Nelson, 1965- author. | Vega, Pablo de la, translator.
Title: Máquinas grandes para el campo / Tracy Nelson Maurer ; traducción de Pablo de la Vega.
Other titles: Big farm machines. Spanish
Description: New York, NY : Crabtree Publishing Company, [2022] | Series: Máquinas grandes - un libro el semillero de Crabtree | Includes index.
Identifiers: LCCN 2021025821 (print) | LCCN 2021025822 (ebook) | ISBN 9781039617964 (hardcover) | ISBN 9781039618008 (paperback) | ISBN 9781039618046 (ebook) | ISBN 9781039618084 (epub) | ISBN 9781039618121
Subjects: LCSH: Agricultural machinery--Juvenile literature.
Classification: LCC S675.25 .M3818 2022 (print) | LCC S675.25 (ebook) | DDC 631.3--dc23
LC record available at https://lccn.loc.gov/2021025821
LC ebook record available at https://lccn.loc.gov/2021025822

Crabtree Publishing Company
www.crabtreebooks.com 1–800–387–7650

Published in the United States
Crabtree Publishing
347 Fifth Ave.
Suite 1402-145
New York, NY 10016

Published in Canada
Crabtree Publishing
616 Welland Ave.
St. Catharines, Ontario
L2M 5V6

Written by Tracy Nelson Maurer
Translation to Spanish: Pablo de la Vega
Spanish-language layout and proofread: Base Tres
Print coordinator: Katherine Berti
Printed in the U.S.A./092021/CG20210616

Print book version produced jointly with Blue Door Education in 2022

Photo credits: Cover photo and page 8-9 ©Shutterstock.com/NanoStock; page 2-3 ©Shutterstock.com/smereka; page 4-5 ©Shutterstock.com/oticki; page 6-7 ©Shutterstock.com/Jurgis Mankauskas; page 10-11 ©Shutterstock.com/Bonita R. Cheshier; page 12-13 ©Shutterstock.com/Kharlanov Evgeny; page 14-15 ©Shutterstock.com/Lyudvig Aristarhovich; page 16-17 ©Shutterstock.com/gubernat. page 18-19 ©Shutterstock.com/jetcityimage. page 20-21 ©Shutterstock.com/al7. page 22 ©Shutterstock.com/briansl01